我的小小农场 ● 13

画说猪

我的小小农场 13

画说猪

【日】吉本正 ● **编文**　【日】水上美奈莉 ● **绘画**

小猪非常可爱并且招人喜欢，
所以也有人将长不大的迷你猪当作宠物来饲养。
但是，如果有人被叫“猪”这个外号，是会不太高兴的。
这到底是为什么呢？是因为猪给人感觉很脏吗？
从古至今，对于人来说，饲养猪是为了食用，猪是很有用的家畜。
所以，一直以来人们怀着珍惜之情把猪养在身边。
人们和猪的生活关系十分密切。
怎么样？你也考虑一下饲养小猪吧！

中国农业出版社
北京

1 在屋子下，还生活着猪！

你知道“家”这个汉字是怎么来的吗？在表示高脚式房屋的“亼”（后演变为“宀”）下面，写着的“豕”字，在古文字中横过来看就是野猪和猪的样子。很久以前，住在高脚式房屋的人们，在地板下面养猪，并将人们吃剩下的食物和排泄物倒在地板下面，用来喂猪。也正是从这样的生活状态中，才诞生了“家”这个汉字吧。而且更早以前，人们就将野猪这种野生动物驯养成了家猪。

人类将野猪驯养成家猪

说起人类和猪的相遇，最初是人类和野猪的相遇。以前，并没有叫做猪的野生动物。猪是人类将野生动物进行驯化而得到的动物。因此，也可以说猪是人类创造的动物。据说，人类和猪的相遇可以追溯到新石器时代。世界上最古老的家猪骨骸是在中国南方桂林郊外新石器时代的公元前 8 000 年左右的甑皮岩洞穴遗址出土的。

猪是如何诞生的呢？

最初，靠狩猎为生的人们捕捉野猪食用。不久，农耕生活开始后，人们保留一块土地建造房屋，然后在房子的周围，出现了为剩饭而来的野猪。人类将这些野猪捕获并进行驯养，喂食剩饭，在必要的时候将其宰杀吃肉。由于被人类驯养，野猪的体型和性情都发生了变化，最后变成猪。这样的事情，在欧洲、西亚等地的土地上分别上演，住在那些地区的人类都将各地的野猪进行驯化。但是，近代以前，在各自的土地上生活着很多品种的本地猪，也都会被捕获食用。

杂食性的清洁工

与人类一样，野猪和猪都是"杂食性"动物。除了青草、芋头、橡子等树的果实外，它们还喜欢吃昆虫及蚯蚓等动物。这样的特性正好适合人们用吃剩或者多余的食物来饲养。而且，野猪和猪还是清洁工，能够吃掉人类的排泄物。以前，在欧洲一些国家以及韩国和日本，有一段时间猪舍和人类的厕所设置在同一栋建筑物内。即使到了现在，生活在中国南方的苗族或泰国北方的克伦族等高山民族，还过着在高脚式房屋下面养猪的生活，并保留着在节日时向神灵献上猪后，大家一起食用的习俗。

2 从野猪变为家猪，改变了什么

野猪跟家猪属于同一物种，所以杂交后能够生下小猪。

实际上，真的存在野猪和猪杂交后生出的叫做杂种猪的家畜。杂种猪与野猪和猪相比，体型和性格上具有相似和相异的地方。本来，野猪对于人类来说肉质美味且容易饲养，所以一直作为家畜来驯养。

为了更加容易饲养，并能长出更多的肉，人们对野猪进行改良，从而诞生了家猪。

容易饲养的家猪诞生了

野猪和家猪原本就具有5~50头一起群居的生活习性，这样的习性有助于将许多头猪集中在一个猪圈内饲养。而且，猪的繁殖行为简单，和其他动物一样不需要有结婚这一复杂仪式，猪是适于人类驯养并将其进行物种改良的动物。

小猪众多，猪肉也增加了

野猪具有高效产肉的优点，一胎可以分娩4~7头小猪。人类为了获得更多数量的猪肉，都选择尽可能多产小猪的野猪进行饲养。所以，现在的猪一胎就能分娩10~20头小猪。保持最高纪录的是中国的梅山猪，一胎可以分娩32头小猪。此外，和其他动物相比，猪的怀孕周期比较短，一般为114~115天，这样更有利于产仔数量的增加，而且从小猪的时候开始驯服更加容易。

体型和性格都发生了变化

如果将野猪和猪的体型进行对比便可以发现，野猪肩胛部的肌肉很发达，而家猪腹部肉质柔软味美，大腿丰满。通过人类的饲养，猪开始变得能够产出更多的肉。在家畜中，没有任何动物像猪一样，为了获得更多的肉而被人类进行物种改良。此外，野猪的毛为刚毛，而家猪的毛则变成了软毛。野猪的獠牙（犬牙）向外侧大幅度弯曲，可以当作武器，而一般的家猪脸部变短的同时，獠牙也变小变短了。因为对于人类来说，獠牙非常危险，所以通过人工选育，獠牙开始逐渐变小。还有，野猪的性格非常粗暴，而家猪的性格是非常温顺的。

3 用鼻子哼哧哼哧地确认安全，尾巴咕噜咕噜地打圈！

猪属于偶蹄目，与拥有两瓣蹄子的牛等是同类的哺乳类动物。
但是，牛是有四个胃的反刍动物，而猪是单胃动物，与人类一样只有一个胃，属于杂食性动物。由于猪比牛更接近人类的生理构造，因此经常被当作实验动物。
野猪原本脾气暴躁，而家猪胆小，性格温顺。但从野猪遗传来的鼻子坚韧有力，所以家猪可以用鼻子挖掘地面。

鼻子就像人类的手一样

猪的鼻子十分坚韧有力，而且感知能力非常强。猪用鼻子能够挖掘地面，举起物体，还可以通过鼻子触碰物体来判断是否可以食用。如果遇到沟壑或障碍物，猪会花时间尝试通过用鼻子碰触来确定是什么物体，如果确认安全的话，才会继续前进。如果遇到阻碍的物体，则用鼻子将它挪开或者举起，据说猪的鼻子能够举起将近70千克的物体。说到〝搜寻（用鼻子拱土）〞，用鼻子挖掘地面，挖草根吃，猪用鼻子可以做很多事情。猪的鼻子真的就像人类的手一样灵活。此外，猪能够用鼻子挖掘土壤中的蘑菇。法国人利用这一特点，通过猪来寻找生长在土壤中的松露——一种被称为世界三大美味之一的蘑菇。

尾巴

野猪的尾巴不打圈，但是家猪的尾巴为什么打圈呢？家猪的尾巴从什么时候开始打圈实际上不得而知。但是，尾巴打圈也是健康的晴雨表。如果可以咕噜地弯成一个圆形的话，证明猪是健康的。如果尾巴耷拉地垂下来的话，猪可能是生病或者没有精神。但是，在中国也有种猪尾巴是不打圈的哦。

修建山野小路吧！

如果想要在山上放养的话，需要在坡度35度以上的坡道上，修建一条坡度20度左右的〝山野小路〞，并将路面修成锯齿形状，这样猪就可以爬到山顶了。而且，为了能够躲避山腰的风雨，可以通过挖掘扩展一部分的小路，为猪修建一处〝睡觉的地方〞。在上面用树木的根或者草覆盖，地面则用干燥且柔软的土修建成洼地，这样很多头猪就可以在这里休息了，不过猪不能在这里排泄。如果放养中的猪要生小猪的话，也可以在这里分娩哦。猪还有许多有趣的习性和行为，我们快来调查一下吧！

4 100 千克的猪可以制作 100 千克的食物

以前，在德国和西班牙等地，从春天到秋天，都将猪放养在野地和森林中，让其吃草和橡子树的果实。到了初冬时节，再将这些猪制作成肉制品。

在以肉食为中心的欧洲，猪是非常重要的家畜。由于在饲料稀少的冬季不能够继续饲养，通过将猪肉加工成肉干或者咸肉，能够将猪肉长期保存。就连猪的内脏、猪皮和猪血都不会浪费，所以有人说宝贵的 100 千克的猪可以制作出 100 千克的食物。

在欧洲

冬季的欧洲积雪很厚，农田中的作物不能生长，所以人类不得不牺牲猪的生命而靠食用猪肉生存下去。用猪的肉制作成火腿、培根和香肠，用猪的脂肪油脂做菜，猪是整个冬季期间的食材。

猪头和猪皮也很宝贵

充分烹煮猪头和猪皮，然后加入切碎的绿豌豆和胡萝卜等蔬菜制作成肉冻，也可制作香肠的增稠料，并可以从猪皮中提炼出凝胶。制作香肠时，使用猪肠、猪胃和膀胱当作肠衣，猪血也可以加入香肠内食用。在德国等地，猪肉加工品很流行，仅香肠就有 1 500 种以上。猪的身体全部都可以食用，所以只使用体重 100 千克的猪就可以制作出 100 千克的食品。

在日本

在日本，从绳文时代（公元前10000—300年）后期起，人们开始捕捉日本野猪并食用，但是到了6世纪中叶，由于佛教传入日本，开始禁止吃肉，冲绳以外的地方大约一千年间没有饲养猪。1609年，日本和荷兰开始贸易往来，在长崎的出岛又开始饲养猪。进入明治时代（1870年左右）后，进口了许多品种改良后的猪，并在日本全国范围内饲养。农户会在正屋的旁边建造猪舍，或在仓库内围出一个角落养猪。不再从事田地工作的老人们，使用剩饭、碎米和米糠等饲养猪。农户养的猪长大时，饲养母猪的养猪户就会来访，向老人支付一定的费用后，将猪带走。而且，冬季期间，在猪舍下面垫上稻草制作堆肥，春天时可以作为肥料撒在田地里，所以这也被叫做〝制作堆肥养猪〞。所有的农户都饲养2~3头猪，既能处理剩饭和农场的余粮，又能够赚取零用钱。所以猪是非常有用的动物。

5 品种介绍

世界上有 400~500 种猪，可以简单地将它们分为欧洲系和亚洲系。
在亚洲系中，中国拥有的种类最多，有 170 种，现在整理归类为 60 种左右。
世界上经常饲养的猪的品种大概有 100 种，其中改良后的优秀品种约有 30 种。
以前，根据用途将猪分为脂肪型（猪油类）、腌肉型（培根类）、瘦肉型（肉类），但是现在由于对猪脂肪的需求减少，腌肉型的需求变多，所以几乎所有的品种都改良成了腌肉型。在日本，腌肉型的猪被当成鲜肉型的猪食用。

大约克夏猪

英国改良的品种。体躯长，适合制作培根。色白体大，耳朵直立。由于具有优秀的繁殖能力和哺育能力，广泛用于培育杂种和品种改良。

兰德瑞斯猪

原产丹麦，经改良成为适于制作英国早餐培根蛋中使用的培根的品种，是一种头部小、身材苗条的白色猪。由于脸长且耳朵下垂，很容易分辨。背腰长，大腿丰满，是腌肉型的最佳品种。

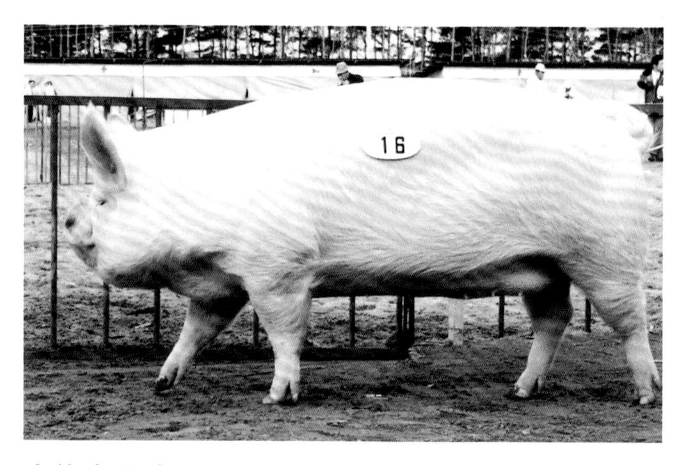

中约克夏猪

原产英国的肉用（瘦肉型）品种。全身白色，体格中等，身体宽大而凹陷。肉质优良，较易囤积脂肪。性格温顺，容易饲养，但是发育相对迟缓。具有耳朵直立，鼻子短，面部微凹的特征。

巴克夏猪

原产英国伯克郡，体格中等，被日本人亲切地称为"黑猪"。身体黑色，脚、尾端和脸部为白色，一般俗称"六白"。肉质的味道最佳。小猪的数量偏少，一般为 7~10 头。

兰德瑞斯猪　大约克夏猪　　巴克夏猪　　中约克夏猪

汉普夏猪
原产美国的品种。背膘薄，瘦肉量多。黑白花纹和直立的耳朵，很容易区分。发育良好，具有优秀的繁殖和哺育能力。与杜洛克猪相比，耐热性较差。

杜洛克猪
原产于美国。身体为茶色，耳朵下垂。肉用型，瘦肉量多，是经常用于制造生肉的杂种猪。性格温顺，耐高温，是容易饲养的品种。

塔姆沃思猪
原产于英国。腌肉型，毛色为亮褐色。身体结实且性格温顺，肉膘薄，瘦肉量多，是适合制造培根的品种。

皮特兰猪
原产比利时，在欧洲各地广泛饲养。身上有灰白色和暗色的斑点，背膘薄，瘦肉量多。但是，发育迟缓且耐热性差，容易产生“灰白肉（肉色苍白的肉）”。

哥廷根猪（迷你猪）
在德国哥廷根大学培育的小型猪。美国的明尼苏达—荷曼系小型猪与越南的小型猪进行交配，生出更小型的猪。体重在 1 岁时为 35 千克，2 岁时为 53 千克左右。

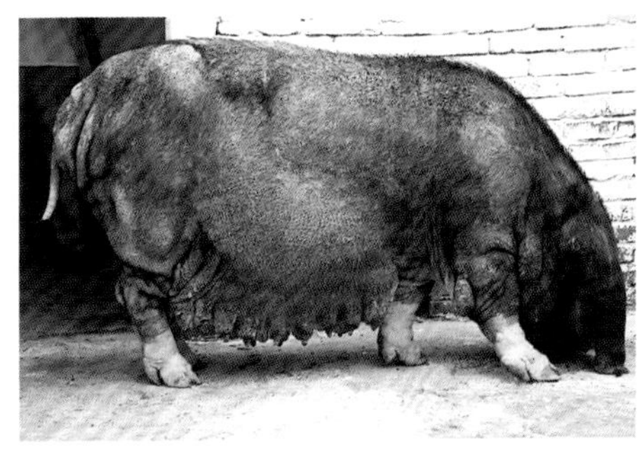

梅山猪
中国上海市附近广泛饲养的太湖猪的一种，有400年的历史。身体黑色，四肢蹄部白色。产仔多，平均每胎产崽 17 头，最高记录一胎产崽 32 头。梅山猪是最有名的中国猪，日本也有进口。

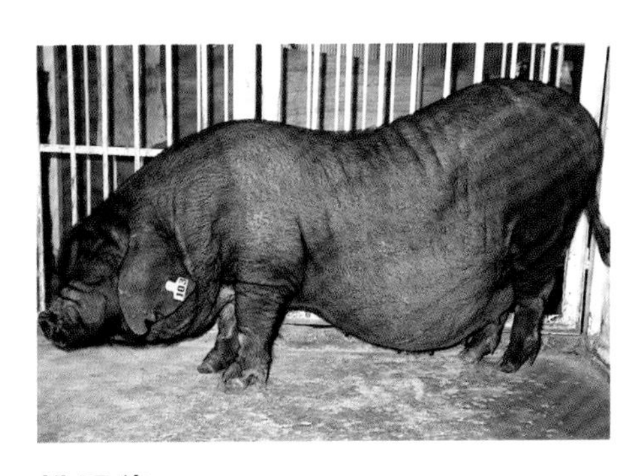

桃园猪
原产中国台湾省，也被叫做奇面猪，全身布满“皱纹”，脸部褶皱特别明显。皮肤和毛呈黑色，像大象皮肤一样厚。背脊凹陷，肚子大且下垂，脚短但结实，产仔多。

6 饲养日历

首先，购买出生后 6 周左右的雌性小猪。品种的话，还是大约克夏猪、兰德瑞斯猪或者这些品种的第一代杂交品种比较容易购买到吧。
当然，其他品种的饲养方法也是基本一样的哦（可以参考书后的解说）。

【饲养案例】参考该饲养日历，拟定自己的饲养计划吧。什么时候开始饲养都可以哦。

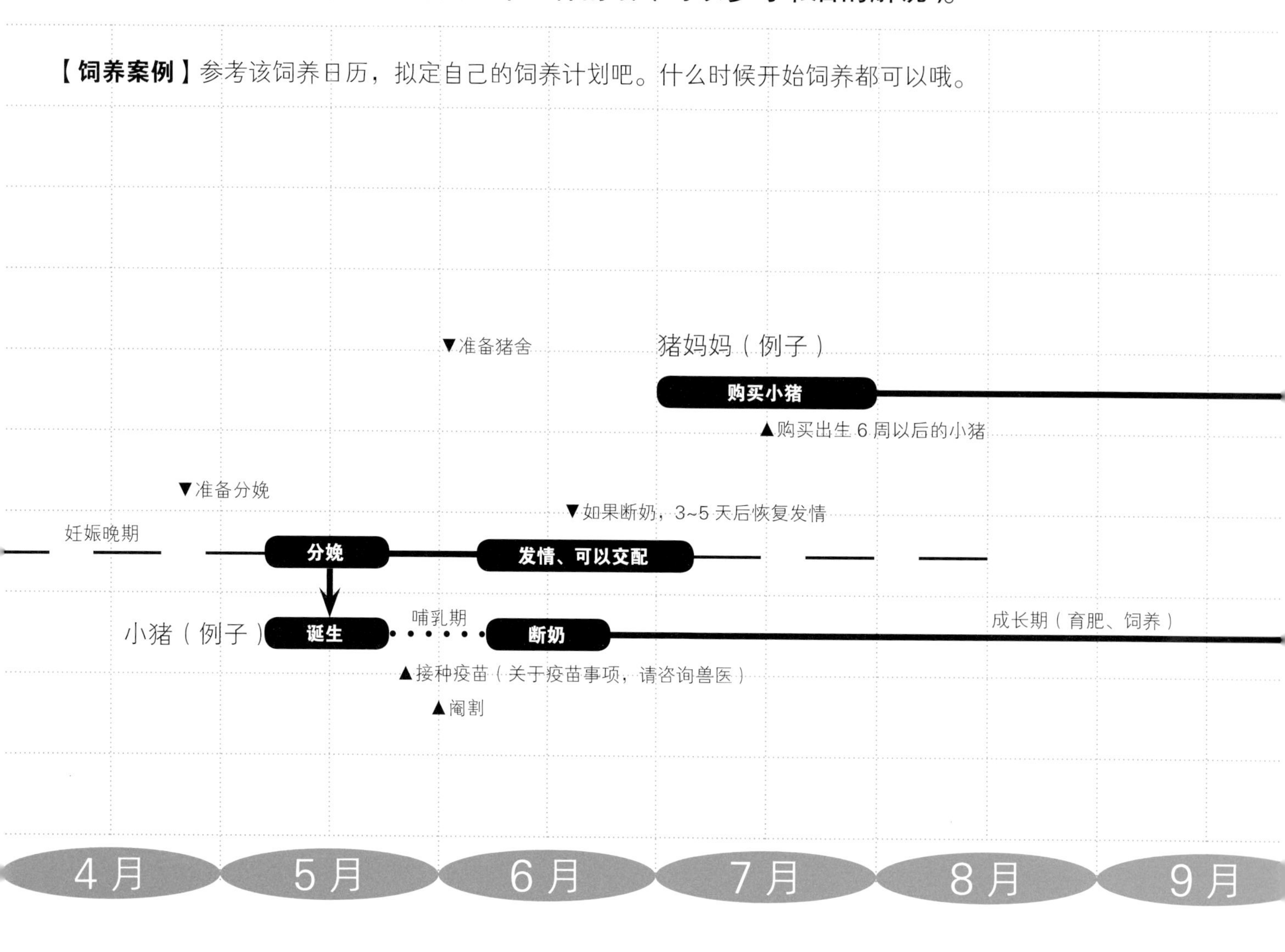

猪一年四季都可以繁殖（生育小猪）。母猪反复发情（准备好接受公猪精子的信号）3 次左右，出生后 7~8 个月，体重达到 120 千克后即可交配。猪的妊娠周期非常短，平均只有 114~115 天，可以记作 3 个月 3 周零 3 天。母猪一胎能够分娩 10~16 头可爱的小猪。多的时候，可以生产 20 头左右。小猪断奶（不再喝乳汁，开始喂食饲料）后，母猪通常在 3~5 天内恢复发情。然后，大约每 21 天反复发情一次。健康的猪 2 年内会发情 5 次，并分娩小猪。在养猪的农户中，如果 1 头母猪生产了 100 头小猪，那可是立了大功哦！

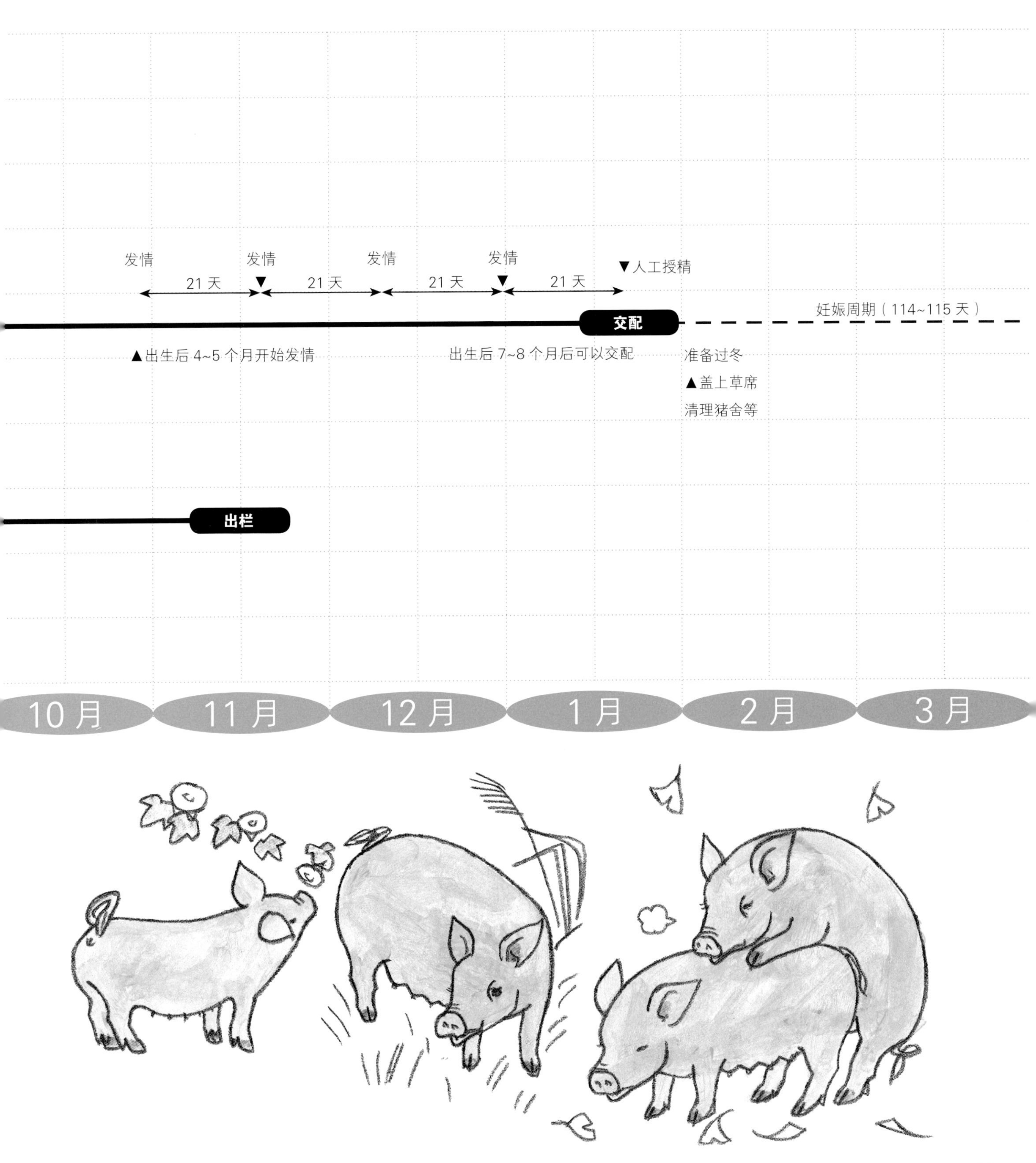

7 猪其实是很爱干净的(猪舍的准备)

我们通常用“猪窝”来形容脏乱的房间。但其实猪很讲究干净整洁，它们会认真区分吃食的地方、睡觉的地方和厕所。但是，因为猪身上没有可以产生汗液来挥发热量的汗腺，所以会用泥水和尿液弄湿自己的身体来解暑。首先，计划好饲养几头猪，然后开始准备猪舍吧。猪舍内饲养一头或几头猪时，采用“丹麦式猪舍”更加适合。“丹麦式猪舍”明确划分出吃食的地方、睡觉的地方和厕所，符合猪的习性。

建造猪舍的地方

建造猪舍的地方应该选在地势略高且地面干燥、能够接受朝阳的照射，尽量避免落日照射且通风良好的地方。为了能够有树阴乘凉，最好在周围种上树木吧。

丹麦式猪舍

如图中所示，在猪舍的一侧放置饲料箱，在其对面修建厕所，中间睡觉的地方将这两处进行分隔。如果打开猪舍的门，门可以将厕所和睡觉的地方分隔开来，这样方便打扫厕所。厕所最好选在地势较低且潮湿的地方。为了让野猪或家猪感觉不到外敌侵入自己的地盘，最好让它们在河流和水坑中进行大小便。丹麦式猪舍的布局很好地考虑到了猪的生活习性。如果是母猪，1 间猪舍饲养 2~3 头猪；如果是肉猪，可以饲养 10 头左右。

购买小猪

购买出生 6 周以上，断奶后长到 10~12 千克的雌性小猪（繁殖用母猪）。购买地点请咨询当地的畜产中心、畜产试验场、畜产农户或者畜产大学等（参考书后解说）。购买小猪时，请详细咨询疫苗接种情况以及饲喂食物等信息。

饲料是剩饭和混合饲料

猪是杂食性动物，所以可以吃任何食物。很早以前，主要收集学校食堂、宾馆、餐厅、商店的食物碎渣和家庭的剩饭，加水烹煮后，在里面加入碎米和米糠进行搅拌，用来当作猪的食物，这种喂养方式被叫做“水沟饲养”。所以，像现在这样的“生活垃圾的处理”不再困难。此外，猪还可以吃柔软的草，所以也可以放养。苜蓿和紫花苜蓿等豆科牧草也是猪喜欢的食物，还会经常吃萝卜、芜菁的叶子、卷心菜的外叶。在学校等地饲养的时候，可以收集食堂的剩饭、街道面包店的面包边、豆腐店的豆腐渣等喂食，或者喂给市面销售的猪用混合饲料。最好在早上 7~8 点、下午 4~5 点进行喂食。尽管猪可以吃任何食物，但是如果饲料只有面包的话，营养会失衡，猪会生病哦。在书后详细解说中，有具体周数和所需饲料量的对应表格，一边参考表格，一边搅拌混合饲料吧。

水的喂给方法

猪用水杯或水槽（沉重的混凝土制品）安放在饲料箱的反面，记得每天更换清洁的水。

8 从不挑食，好奇心强（饲养管理）

如果饲养有生命的动物，可不能用半吊子的态度来照顾哦。
我们要经常思考它们的需求、健康状态如何。还要每天准时和它们打招呼，观察它们的状态，按照规定正确喂食和供水，清理粪便，保持猪舍洁净。清扫猪舍时，仔细观察粪便的状态是管理的关键。此外，也有必要定时用刷子清洗猪的身体，并让其做适当的运动。

1天的生活节奏和照料

除了吃食、喝水和排便，饲养的猪其余时间几乎都在睡觉。而野生的猪需要自己寻找食物，用鼻子拱土来吃虫子和草木的根，所以不可能经常睡觉。如果在猪舍的周围修建一个运动场地的话，猪也可以自己拱土玩耍。

适当运动

每天带着猪散步，偶尔用刷子刷刷猪的身体，猪一定会很高兴的。走动时，像图画中描绘的那样，用木板遮挡住猪的眼睛，用细竹棒等轻轻交互敲打猪的两肩，这样猪就会笔直前进。

清扫厕所和猪舍

记得每天清扫猪舍哦。使用独轮车、方形铁铲、橡胶波纹管和扫帚等清理和运送粪便以及弄脏的稻草（木屑），必要时使用胶皮管进行水洗。但是，记住不能向猪浇水哦。将清扫出来的粪便堆积起来，经过不断发酵就可以变成堆肥。使用胶合板制作边框，将清理出来的粪便放入其中，不断堆积就会变为堆肥。清洗用水需要另行处理。此外，偶尔要消毒猪舍（消毒的方法可以参考书后解说）。养猪的人来猪舍的时候，注意要更换衣服和鞋子，并进行消毒后才可以和猪接触哦。

不要忘记让猪晒日光浴和运动哦。大家一起来让猪散步吧！

健康的猪和不健康的猪

健康的猪鼻尖保持适度湿润，眼睛炯炯有神，不会出现眼屎等状况，而且尾巴弯成圆圈，皮毛服帖并富有光泽，食欲旺盛。相反，不健康的猪尾巴无力下垂，皮毛无光泽，单独离开群体，孤独地蹲在角落，将头埋入稻草当中。如果猪的臀部变脏，则表示猪有腹泻症状。猪成长速度非常快，所以受到疾病的影响相对比较大，如果腹泻持续 2 天的话，相当于其他动物腹泻 1 周。如果发现猪出现腹泻症状，最好马上将群体中所有的猪断食。断食 1~2 天后，在饲料中加入木炭粉和药物，并逐渐增加饲料量。

接种疫苗，预防疾病

不要忘记给猪接种疫苗。猪的主要疾病有猪霍乱、伪狂犬病（AD）、猪流行性肺炎（SEP）、萎缩性鼻炎（AR）、传染性胃肠炎（TGE）、猪痢疾等。一旦出现疑似这些疾病的症状时，请马上将猪送到附近的家畜保健卫生所和兽医处就诊。

9 通过人工授精，增加小猪数量！

猪的成长速度非常快。出生时 1~1.5 千克的小猪，经过 1~2 个月后，体重会达到 10~20 千克，6~7 个月后体重会超过 100 千克。

母猪成长速度更快，出生后 100~150 天时，开始出现发情的情况，但是这时并没有排卵。

以 21 天为周期反复 3~5 次的发情状况是正常的，出生后 7~8 个月后，如果体重达到 120 千克，就可以进行“配种”了。

进行交配

猪的发情期比较长，会持续 5~7 天，但是被发现时，有可能已经过去了 1~2 天，所以如果不耽误时间就能进行交配的话最好不过了。自然交配时，公猪会自行判断最佳时期，但是如果人工授精的话，则必须由人来判断。母猪发情时，外阴部肿胀，泛红充血，小皱纹聚集，黏液变为乳白色。这时，用手尝试按压母猪的腰部，如果母猪十分安静，一动不动，这样的情况可以判断出现在适合交配。第一次进行配种的猪，发情情况大多并不明显，从 5~6 个月开始，找出发情的征兆，并做好记录，这样可以预测下次发情出现在 21 天以后。分娩后的猪在给小猪哺乳期间不会出现发情情况，但是断奶后，3~5 天内马上就会出现发情情况，不要错过这个时机，可以进行配种哦。但是，也有诸如营养不良，以及分娩了很多小猪后因大量哺乳导致到体力恢复前都不发情的情况，请仔细观察并做出判断。

进行人工授精吧

人工授精具有很多优点，交配效率高，不用一直饲养和运输公猪，不用担心感染螨虫等寄生虫或者疾病，而且从遥远的外国也可以进口（购买）精液，还能检测精液，并使用活性好的精液等。但是，人工授精需要具备相关的技术和资格，还要自己观察发情的最佳时期，需要一点小技巧。但如果是给自己饲养的猪进行人工授精，则不需要任何资格，只要在有经验的人指导下，充分注意，大家自己也可以尝试进行人工授精。进行人工授精时，稍早时进行 1 次，然后 8~12 小时后再进行一次效果最佳。

进行自然交配吧

如果附近有饲养公猪的养猪户，或者没有自信进行人工授精的时候，可以拜托其他养猪户借来公猪，或把母猪带过去让它们自然交配。只要发情期相同就可以交配。

10 肚子变大了！

如果自然交配或者人工授精顺利的话，猪就会怀孕。从受孕开始 3 周内，如果不出现发情的情况，那就可以确定怀孕了。你饲养的猪要变成猪妈妈了。

预产期是交配后的 114~115 天。怀孕 3 个月以内，猪可以正常饲养。但是，注意不要让它和其他的猪打架、出现强烈撞击肚子的情况哦。

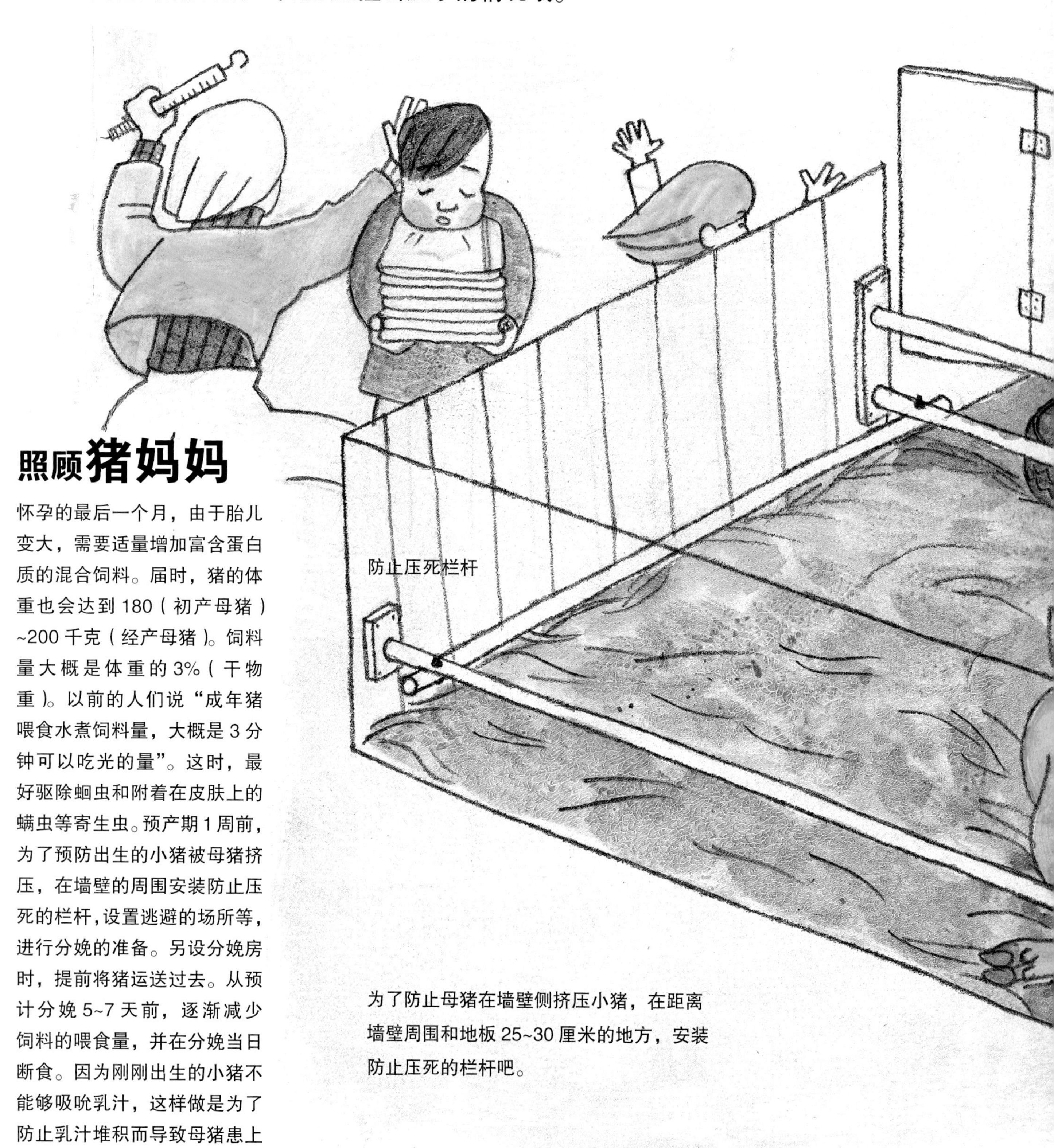

为了防止母猪在墙壁侧挤压小猪，在距离墙壁周围和地板 25~30 厘米的地方，安装防止压死的栏杆吧。

照顾猪妈妈

怀孕的最后一个月，由于胎儿变大，需要适量增加富含蛋白质的混合饲料。届时，猪的体重也会达到 180（初产母猪）~200 千克（经产母猪）。饲料量大概是体重的 3%（干物重）。以前的人们说“成年猪喂食水煮饲料量，大概是 3 分钟可以吃光的量”。这时，最好驱除蛔虫和附着在皮肤上的螨虫等寄生虫。预产期 1 周前，为了预防出生的小猪被母猪挤压，在墙壁的周围安装防止压死的栏杆，设置逃避的场所等，进行分娩的准备。另设分娩房时，提前将猪运送过去。从预计分娩 5~7 天前，逐渐减少饲料的喂食量，并在分娩当日断食。因为刚刚出生的小猪不能够吸吮乳汁，这样做是为了防止乳汁堆积而导致母猪患上乳房炎。

终于要做
分娩的准备

临近分娩，在猪舍内添加铺草，因为有的猪会出现收集铺草，或用前蹄将铺草向后收集的“筑巢行为”。即使没有稻草，有的猪也会做类似的模仿动作。有的猪会出现大便次数增加和神经质的情况，所以不要让猪受到惊吓。外阴部变红变大，乳头变大开始分泌乳汁后的 1~2 天内，就会出现分娩的征兆。为了随时到来的分娩，要事先准备好以下的物品：十几块用来擦拭出生后小猪的碎布片，剪断脐带的剪刀，消毒药物（聚维酮碘等），出现假死状态时令其苏醒的酒精，称量小猪体重的秤（弹簧秤等）等。此外，刚刚出生的小猪非常怕冷，所以一定要事先准备保温箱。小猪用的保温箱中，可以安装红外线暖气设备或者红外线灯泡，并按照书后解说的表格所示，进行温度管理。

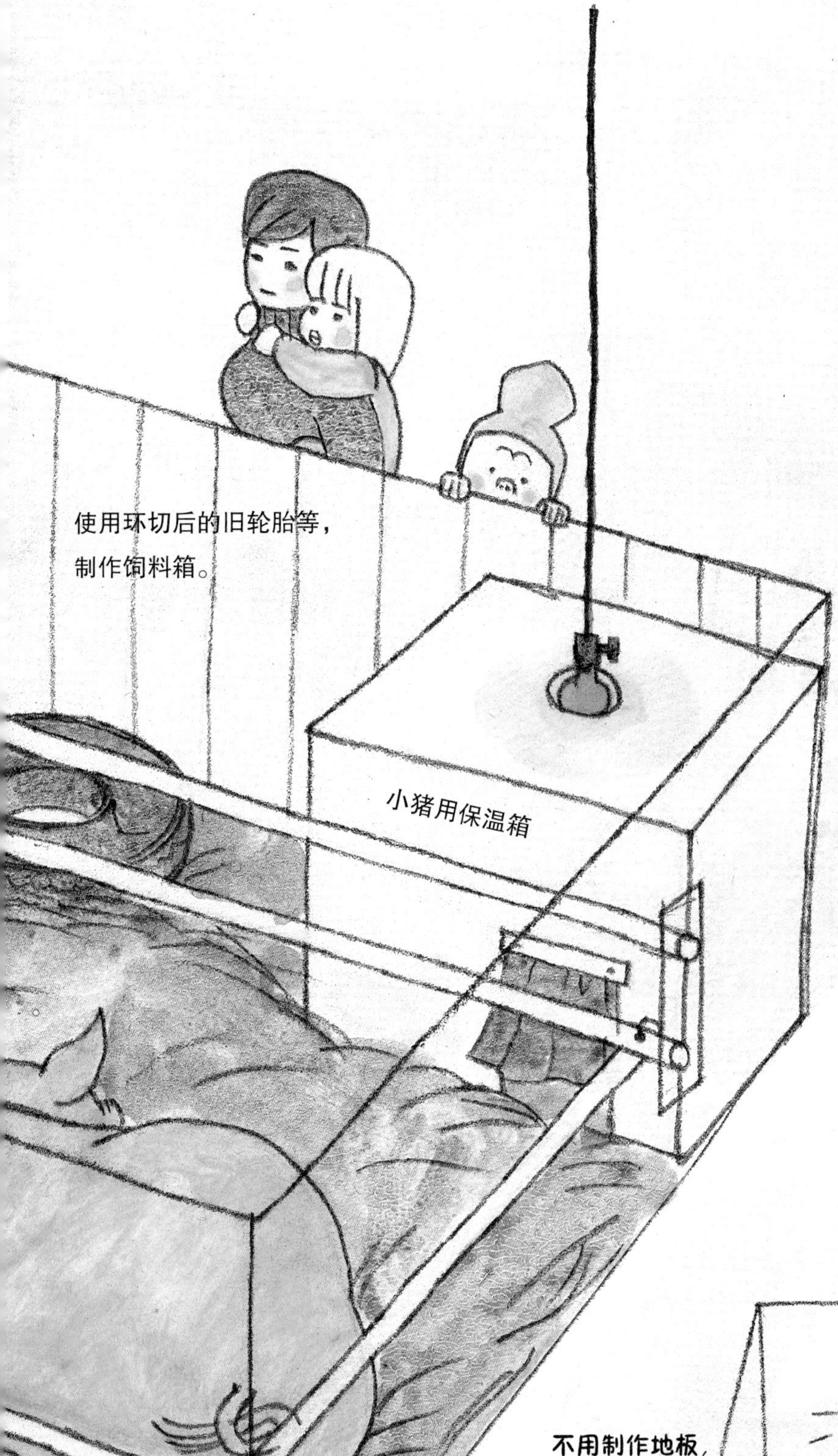

使用环切后的旧轮胎等，
制作饲料箱。

小猪用保温箱

保温箱的制作方法

一起努力制作像画中一样的保温箱（横向和纵向高度各 75~90 厘米）吧。

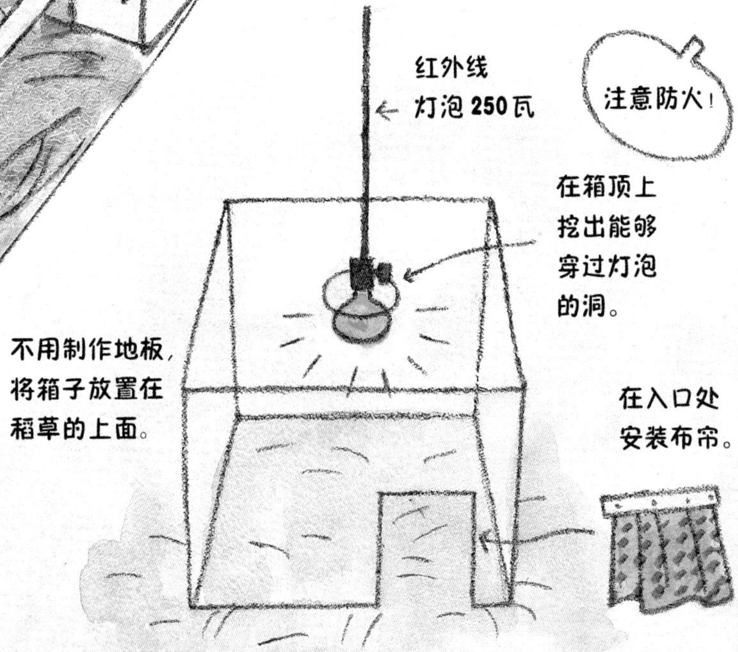

红外线
灯泡 250 瓦

注意防火！

在箱顶上
挖出能够
穿过灯泡
的洞。

不用制作地板，
将箱子放置在
稻草的上面。

在入口处
安装布帘。

11 小猪诞生！自己专用的乳房

哎呀，终于就要到预产期了，心情很激动！什么时候分娩是猪妈妈自己决定的，我们只能做好万全的准备，专心等待那个瞬间的到来。尽管猪可以通过自己的力量分娩小猪，但是我们还是要尽可能看护整个分娩过程。几人一组，交替进行休息，巡视猪妈妈的情况，等待分娩。

第 1 头小猪出生后，通常每 5~15 分钟又会有 1 头小猪出生。

哎呀，小猪诞生了！

即将要分娩时，猪妈妈会躺在地板上，有些痛苦地开始用力。不久开始出现阵痛，并生出小猪。通常，小猪出生的间隔为 5~15 分钟，但是有时也会更长。一般会在 2~3 小时内生下全部小猪，之后的 30~60 分钟内排出肚子中养育小猪必要的胎盘、羊膜和脐带等。小猪在猪妈妈肚子里时，通过脐带和猪妈妈连接，分娩后，数一下脐带的数量，就可以知道小猪是否全部出生。

照顾小猪

抱起出生后的小猪，用碎布块和稻草充分擦拭身体，并剪断脐带，长度以小猪踩不到为宜。此外，出生时的小猪全部长有獠牙（也称作黑牙），由于容易弄伤猪妈妈的乳房，也为了防止小猪之间会因争夺打架受伤，我们要使用钳子剪断獠牙。测量小猪的体重，并标记号码进行记录后，将小猪放入保温箱内。一般来说，猪妈妈分娩小猪后，就可以把小猪放在猪妈妈的乳头边让它们吸吮乳汁。但是在分娩花费了较长时间的情况下，即使没有全部分娩完，分娩中途也可以让小猪吸吮乳汁。

吸吮自己专用的

乳房长大

小猪 1~7 天大的时候，就有决定自己专用的乳房（乳头）的习性。猪妈妈一般有 12 个以上的乳头，但是由于前面的乳头能够更好地分泌乳汁，如果放任不管，体形大且有力量的小猪会首先得到前面的乳房。这时，应该尽早让体形小的小猪吸吮前面的乳房，让它能够喝到更多的乳汁。在小猪的哺乳期间，根据哺乳量，给猪妈妈喂食更多的饲料，确保分泌足够的乳汁。小猪在出生后 2~3 周时，需要的乳汁量最多，根据小猪的数量，每天需要给猪妈妈喂食 5~8 千克的混合饲料。同时，也要保证供水充足。

分泌乳汁的时间

小猪在出生后，猪妈妈可以随时分泌乳汁，但是 2~3 天后，小猪含住乳头，只有在猪妈妈发出“咕噜咕噜”的声音时，才会分泌乳汁。乳汁会在猪妈妈发出这种叫声后的 25~35 秒后分泌。此外，小猪含住乳头的时间在分娩当天是每次 8 分钟左右，然后变为 5 分钟左右。而且实际上猪妈妈的乳房每次分泌乳汁的时间在分娩当日为 47 秒，第 3 天为 22 秒，第 60 天为 11 秒，时间非常短。然而，调查显示，猪妈妈哺乳次数很多，分娩后 3 天时 24 次，7 天时 26 次，15 天时 29 次，30 天时 28 次。如果人工进行哺乳时，每 2 小时就可以将小猪放在猪妈妈旁边吸吮乳汁一次。

12 饲养小猪吧！

小猪在出生 20~25 天后断奶，体重至少在 5 千克以上，达到 7~8 千克时最佳。同时要减少猪妈妈的饲料量。如果长时间哺乳，猪妈妈会变瘦，下一次发情时间也会变晚。在断奶的当天，要让猪妈妈断食。因为没有了小猪吸吮，继续分泌乳汁的话，就会患上乳房炎。让小猪在断奶前开始适应，前期用人工乳汁，这样断奶后马上就可以食用人工乳汁，健康成长。但是，小猪离开了猪妈妈，没有了温暖的母体，所以应该注意环境和温度。

使用旧轮胎制成的饲料箱

照料断奶后的小猪

断奶后，在 8~9 周内给小猪喂食后期用人工乳汁，然后逐渐切换为喂食混合饲料，喂食量可以根据小猪的食量自由添加。进入育肥期后，参考书后的表格进行喂食饲料。尽可能每周进行一次体重测量，根据体重喂食相应的饲料量。记住不要忘记喂水哦。小猪耐寒性差，而母猪耐热性差，所以生产后 1 个月内，将小猪放置在保温箱内，母猪饲养在凉爽的猪舍内。

亲和行为、敌对行为

包括小猪在内，在组建群体时，为了决定在群体中的地位会出现争斗行为（敌对行为）。花费几小时确定各自的地位后，就会出现相互摩擦身体，鼻子与鼻子相互接触，舔对方，轻咬对方（亲和行为）的行为。但是，争抢食物的时候另当别论。

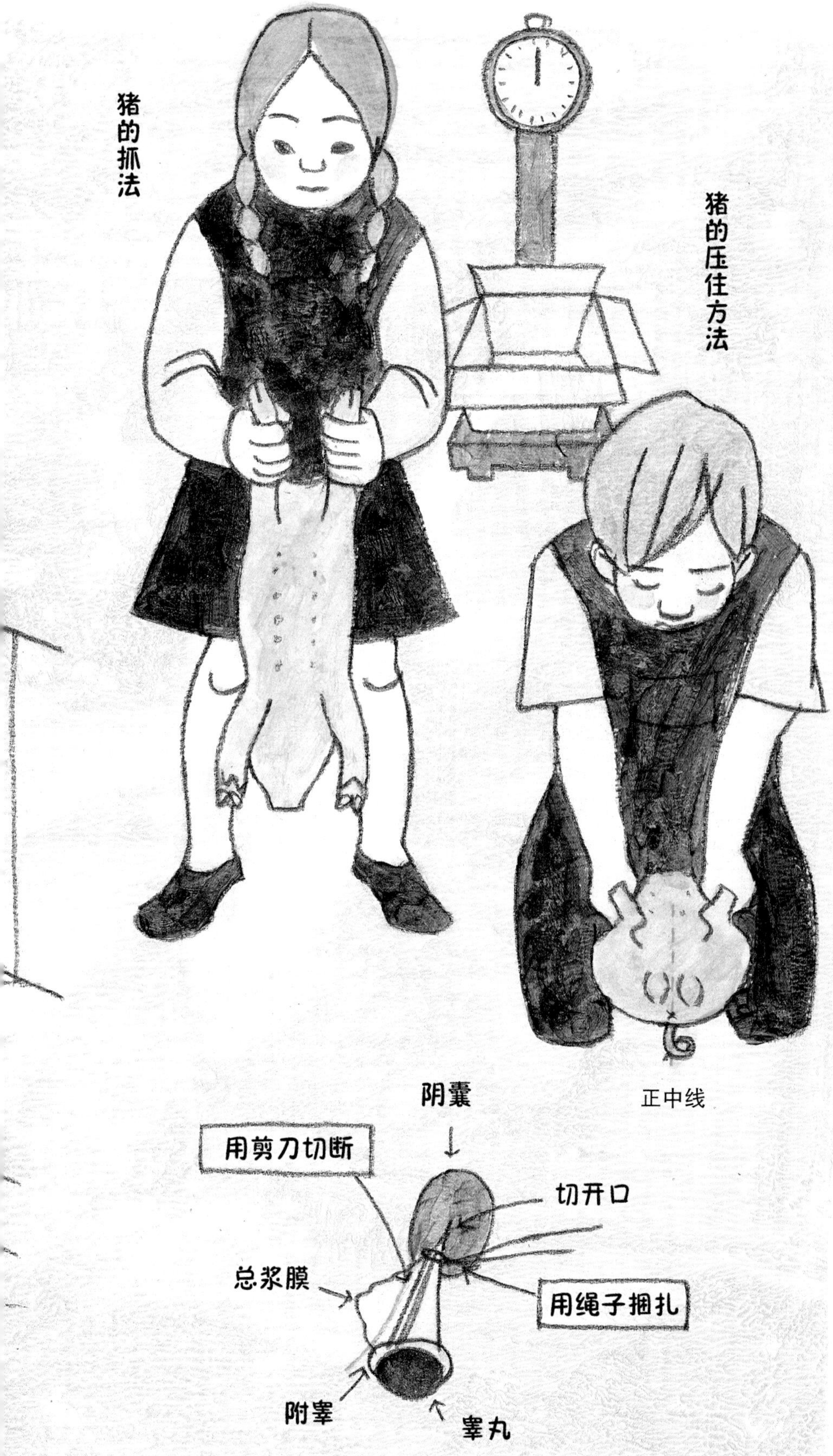

阉割

作为肉用饲养的雄性的小猪，通常在哺乳期间(出生后 10~20 天) 进行阉割。所谓阉割，就是摘去睾丸。如果不进行阉割，猪肉会带有公猪异味。手术前，确认没有发生腹泻等情况，并停止喂食饲料。像图画中所示，一个人压住小猪，另外一个人从对面大面积消毒睾丸部位后，使用左手大拇指、食指和中指用力推出睾丸，右手持手术刀或者单刃刀的剃刀，下定决心切开 2~3 厘米。为了让切开方向血液不残留其中，要沿着正中线平行切开。切割充分的话，睾丸就会跑出来。然后用左手抓住，用右手的剪刀剪断总鞘膜，在距离睾丸 3~4 厘米处，使用绳子进行结扎，然后在睾丸一侧切断。请鼓起勇气试试看吧。另外一侧也同样进行切割。最后，使用聚维酮碘进行消毒。

制作美味的肉

让作为肉用的猪不断成长的行为叫做育肥。为了制作美味的肉制品，在体重达到 60~70 千克的时候，需要考虑蛋白质、矿物质、维生素等的含量，喂食混合饲料，注意不能过分发胖。然后，控制蛋白质含量进行饲养。如果喂食大麦、麸子和青绿饲草，肥肉硬度适中，肉也会变得美味。当体重长到 100~110 千克时，就可以作为肉猪出栏了。

13 虽然很悲伤，但是猪是人类重要的食物

出生 6 个月后，小猪们就能胖到 100~110 千克。养猪农户大多在这个期间，将它们作为食肉用的猪在市场上销售。

虽说是珍惜并疼爱培育的小猪们，但如果决定销售猪肉的话，就意味着要和小猪们分别，一定会很悲伤吧。猪是人类重要的食物。人类就是这样靠牺牲其他生物的生命，生存下来的。

获取生命

在日本，大家在吃饭前，会双手合十说“要开始吃饭了”，这不仅是向给我们做饭的人表示感谢，还是向为了给我们提供食物而失去生命的生物表示感谢。饲养动物，然后获取其生命。大家如果想一下自己辛苦饲养的小猪变成肉时，自然地就会明白向肉菜双手合十表示感谢的心情。心怀感激，不要浪费食物，全部吃光吧。

屠宰和解体

德国的农户可以自己解体猪，所以可以充分利用猪头、猪皮、内脏和血液，制作成火腿、培根和红肠。因为获取了猪的生命，所以心怀感激，尽可能不要浪费，将猪的所有的部分都做成食品并储藏起来。狩猎民族非常爱惜用具有生命的动物制成的食物。现在的日本要在肉联厂进行猪的屠宰和解体作业。即使自己饲养猪，由于个人不能进行屠宰，只能把猪交给肉联厂等，将猪解体为带骨肉或者分割肉。

部位和肉质

你知道吗，猪肉来源于猪身体的各部位（参考书后详细解说图片）。配合菜肴和制作目的，选择使用适合的部位。

猪肉的营养

猪肉的脂肪溶解温度和人的体温接近（33~46℃），所以猪肉即使被冷却，只要用舌头碰触，就可以品尝到肉的美味。除了蛋白质外，猪肉富含维生素 B_1。肥肉是美味的秘密所在，但是如果过量摄取，会增加导致生病的坏胆固醇。但如果像冲绳菜肴一样，采取能够充分控制脂肪量的烹饪方法，健康食用的话，猪肉就是营养价值超群的健康食品。

14 嘿，品尝一下健康的冲绳猪肉菜肴！

猪肉菜肴中，你最喜欢哪道菜呢？嫩煎猪肉、炸猪排、姜汁烧肉还是中华料理呢？在中国的菜肴中，经常会使用猪肉，像咕咾肉和猪肉包子都非常好吃！但是，在这里向大家介绍世界上以长寿为傲的日本冲绳的传统健康猪肉菜肴。

如果能为家人烹饪出这么美味的菜肴，大家一定会非常高兴吧！当然，大家不要把食物剩下，要全部吃光哦。

水煮冲绳咸猪肉（水煮猪肉）

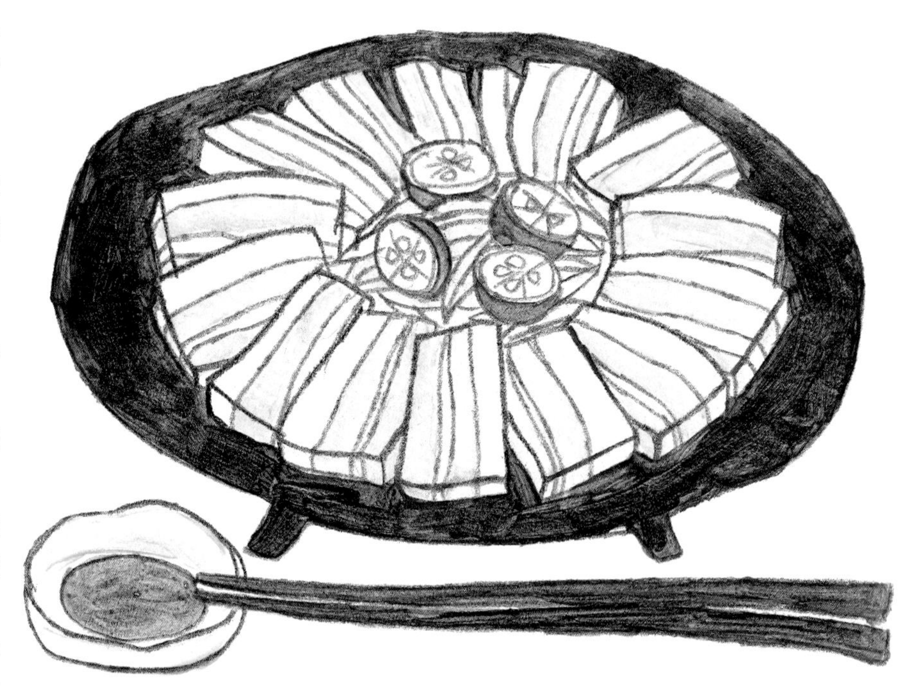

材料：猪的五花肉（肋条肉）块 2 千克，盐 600 克，泡盛酒（日本冲绳当地的一种蒸馏酒）4~6 杯。

1. 制作菜肴 1 周前，将盐充分涂抹在肉上，将肉放入密封容器中，然后将剩下盐的一半散在肉上。

2. 2~3 天后，扔掉渗出的肉汁，并上下调换肉的位置后，将剩下的盐全部撒在肉上。

3. 一周后，充分清洗掉盐分，在大锅中加入足够的水、2~3 杯泡盛酒和肉，水烧开后不断撇去油脂和浮沫，煮 1 小时。

4. 用水和剩下的泡盛酒再煮 1 小时后，将肉捞出放在盘子中，冷却后，切成约 1 厘米厚的肉片。煮好的肉可以直接吃，也可以用热水烫一下再吃。配以酱油、醋或者芥末酱油味道更佳。

美味炖猪肉（炖肉块）

材料：猪的五花肉（肋条肉）块 1 千克，鲣鱼汁 2 杯，泡盛酒 2 杯，砂糖和酱油各 1/3 杯。

1. 把肉放入锅中，加入 1 杯泡盛酒和足量的水烧开，不断撇去油脂和浮沫，煮 2 小时。

2. 关掉火后冷却。变凉后，捞出肉，切成 5 厘米左右的肉块。

3. 在锅中加入鲣鱼汁、1 杯泡盛酒、砂糖和肉，开火加热。沸腾之后，撇去浮沫，改为小火，并加入一半酱油。

4. 煮一段时间后，加入剩下的一半酱油，然后慢煮 1 个半小时。关火冷却后，美味菜肴出锅！

猪肋排汤

材料：猪肋排（带骨肋骨肉，排骨也可以）1千克，海带3块，干香菇3个，胡萝卜1根，萝卜半根，鲣鱼汁10杯，盐1大勺，酒2大勺，味醂1大勺，酱油1小勺。

1. 使用足量的热水烹煮猪肋排5分钟，然后用放入碗中的温水进行清洗数次，直到水透明为止。

2. 用水泡发海带后，制作海带结，并用水泡发干香菇。然后，将胡萝卜、萝卜随意切成大块。

3. 在鲣鱼汁中加入泡发干香菇的水，然后加入猪肋排，不断撇去浮沫，用中火煮20分钟。

4. 加入海带结和香菇后煮40分钟，加入胡萝卜和萝卜再煮30分钟后，加入盐、酒、味醂和酱油调好味道，美味菜肴完成！在肋排汤里加入冲绳荞麦面，就变成了猪肋排荞麦面了！

除了这些冲绳菜肴外，还有使用猪耳朵和猪脸制作的拌菜，猪脚制作的煮菜“煮猪脚”，猪肠熬煮的汤“猪肠清汤”，在炒蔬菜和肉时，加入适量淀粉让血凝固蒸熟的食物。猪真是冲绳菜肴中不可缺少的食材。

15 制作火腿和培根吧！

在日本，菜肴中直接使用生肉的情况比较多。但是在欧美，使用猪肉加工成火腿、培根或者香肠的情况比较多。制作香肠不仅需要花费很多时间，而且做法也有一点难，所以先来挑战制作方法简单的火腿和培根吧。

首先，制作烟熏箱

制作火腿和培根需要先将肉用盐进行腌制，然后用烟进行熏制而成。所以，首先要有烟熏装置。简易的烟熏箱，可以用切割成高度 90 厘米左右的纸箱组装而成。如图画中所示，在下面放置功率 300~600 瓦的电炉，在电炉上面放上铁板、金属网和铝箔，加入木屑。然后在烟熏箱的上部穿上铁棒，以方便吊挂猪肉；在正中间附近也穿上铁棒，放上能够盛装 200~300 毫升水的平盘。最后，安装上烹饪用金属制温度计。

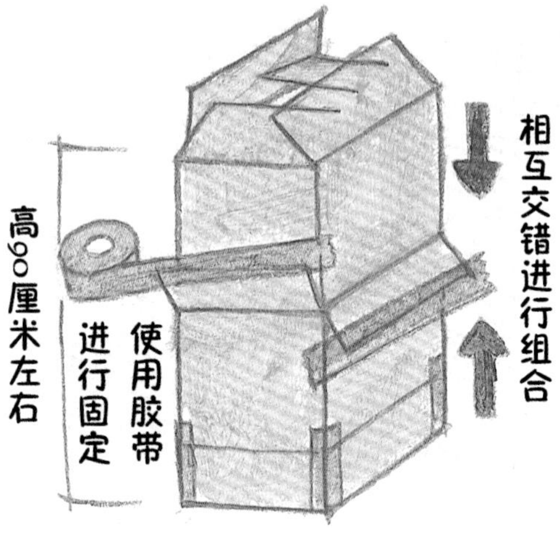

其他需要准备的物品

腌制肉用的容器：树脂容器（2 千克肉使用 1.5 斤用的面包盒等）
锅：烹煮烟熏肉的深炖锅
吊钩（S 钩）：吊肉用（也可以使用展开的窗帘吊钩）
木屑：樱花木、枹栎等（市场上销售的木屑），茶叶或者落叶也可以

火腿的做法

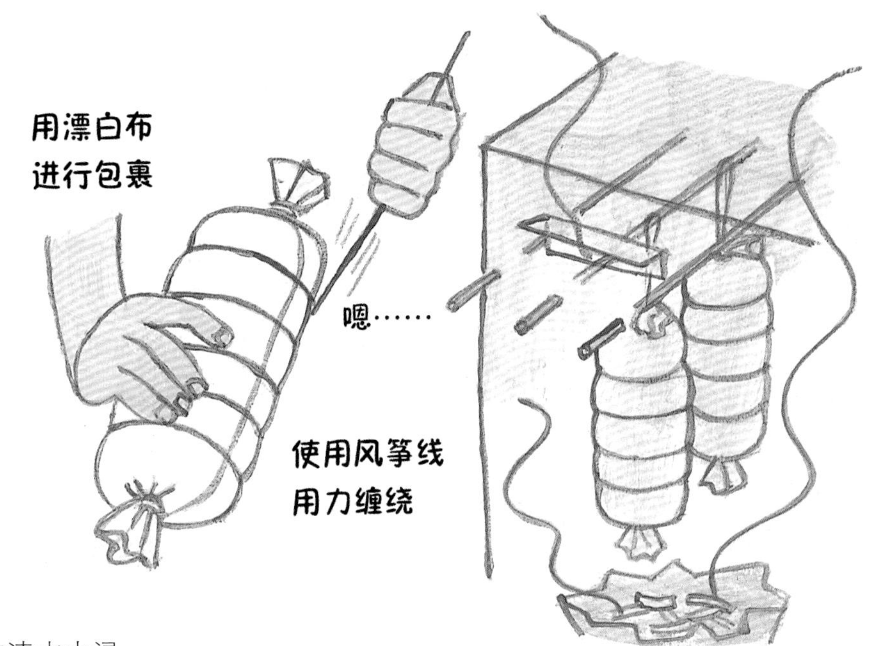

①肉在腌菜盐水中浸泡 7~14 天，然后在清水中浸泡 40~60 分钟去掉盐分，沥干后放入冰箱晾一晚（参考书后解说）。然后，使用漂白布等将肉包裹塑形，用风筝线绑住两端，再用略粗的风筝线一圈一圈地缠绕整个火腿。

②将包裹好的肉挂在烟熏箱的铁棒上，为了不产生明火，逐渐少量加入木屑，烟熏 2~4 小时，烟熏箱内的温度为 60℃以下。

③烟雾消散后取出肉，放入 65~70℃的热水中。为了杀菌，肉中心的温度升为 63℃后，持续煮沸 30 分钟。可以在肉的中心插入烹调用温度计进行温度测量。

④加热结束后，将肉放入凉水中冷却，然后拆掉绳子和布，美味就完成了！将肉放入冰箱冷藏一晚上，待盐分充分渗透后，肉会变得更加美味。不费功夫，非常简单吧？

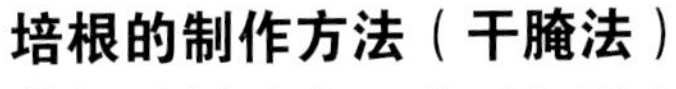

培根的制作方法（干腌法）

①将腌料（参照书后解说）充分涂抹在肉上，然后将肉放入塑料袋中，再放入冰箱内保存。可以将腌料分成两份，涂抹两次。

②腌制期间，汤料的制作方法与火腿相同。但是，培根不需要使用布来包裹，直接用吊钩或者专用的培根针将肉刺穿悬挂，然后进行烟熏。由于培根也不需要加水烹煮，烟熏后即可完成。但是，食用时需要把培根加热煮熟哦。

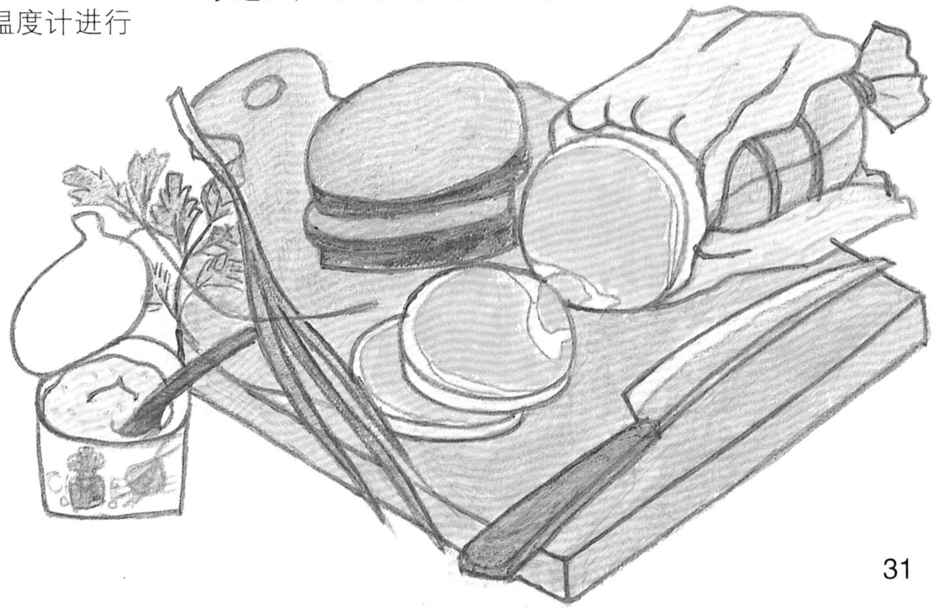

详解猪

日本的养猪事业

昭和30年代中期（1955年左右）之前，日本是以农业立国。但是，随着工业不断发展，农业也逐渐机械化，发展为使用农耕机、拖拉机等设备的大规模农业，所以饲养猪的个体农户数量逐渐变少。

取而代之的是大量的养猪场和公司组织开始数百乃至数千头地大规模养猪，收集剩饭和厨余废料变得非常费工夫，就不再采用使用剩饭当饲料的饲养方式了。而且，混合饲料工业发达，可以提供猪在各发育阶段所需的营养，于是使用运输方便的混合饲料进行高效大规模饲养逐渐成为主流。

混合饲料的原料主要是从美国和澳大利亚等国进口的玉米、小麦或者大豆等20多种谷物及副产品。饲料公司根据营养成分，各自配置配方，加工成为粉料和颗粒料，用卡车运送到各养猪场。因为混合饲料更容易处理，所以饲料的管理工作也相对轻松。但遗憾的是，猪所拥有的难得的清扫工特性也逐渐消失了。最近，针对这样的问题也有人开始重新思考养猪的方式。

饲料的喂食量

所谓家畜的“饲养标准”，是根据各自家畜的发育和妊娠的状态，决定添加适当的营养的“标准”。也有饲料的喂食标准。猪的喂食标准如下表所示。该表主要根据体重决定喂食的饲料量（风干物量）。所谓“风干饲料”是指含有12%~13%水分的饲料，混合饲料也是风干饲料。

将剩饭当做饲料时，当天的剩饭尽可能在当天喂食。经过1~2天的剩饭，一定要加热后再喂食。猪吃了馊掉的剩饭会生病哦。

剩饭分为上等剩饭（米饭或面包）、中等剩饭（芋头、胡萝卜等固体成分多的蔬菜残渣）和下等剩饭（绿叶蔬菜或汤菜）。通常认为下等剩饭是“富有营养的饮品”；中等剩饭主要是“小菜”，量大时，应该稍微减少混合饲料的量（如果重量为10千克，一般干物重为2~2.5千克）；上等剩饭的干物重为1/2，即如果有10千克剩饭，干物重为5千克，需要减少相应重量的混合饲料量。草和蔬菜残渣也有重量，所以一次不能过量喂食。1天的喂料量的上限大概是体重的一成（10%）左右。如果生饲料（草和蔬菜残渣等）喂食量过少的话，只需考虑补充维生素，没有必要调整混合饲料的量。但是，如果大量喂食生饲料时，参照“粗饲料换算成干物重时的大致重量”，调整喂食量。很久以前，水煮饲料大概选用成年猪3分钟和小猪10分钟能够吃完的量为宜。

猪的品种和杂种的培育

日本饲养的猪主要有兰德瑞斯猪、大约克夏猪、中约克夏猪、巴克夏猪、汉普夏猪和杜洛克猪等六个品种。但是，日本很少饲养纯种猪，几乎都是第一代杂交种（不同品种的猪进行交配生下的小猪）或者三元杂交。第一代杂交种（F1）作为繁殖用的母猪而饲养，与其他的品种进行交配后，生下三元杂交的小猪，然后将其作为肉猪饲养。通过这种方法培育的猪发育速度快，抗病力强，且瘦肉量多。

关于购买小猪

小猪的消化吸收功能在5~6周后发育完成，所以购买时最早也都要选择出生6周以上的小猪。通常，农户会购买体重为20~30千克（出生后60~70天）的小猪开始饲养。

可能大家会觉得如果决定饲养小猪，就要在很小的时候开始饲养。虽然在本绘本中，关于开始饲养时的大小写到“购

粗饲料换算成干物重时的大致重量

种类	主要作物	干物占比
根菜类	地瓜	1/3
	马铃薯	1/4
	芜菁	1/7
禾本科的草	田埂杂草、鸭茅	1/4
豆科的草	决明子草、大白花三叶草	1/6
十字花科的草	卷心菜、萝卜叶、白菜	1/10

喂食标准

（单位：千克）	小猪			育肥的猪		繁殖的猪		
体重	1~5	5~10	10~30	30~70	70~100	60~80	80~100	100~120
风干饲料的量	0.22	0.38	1.05	2.16	3.07	2.15	2.31	2.45

买出生 6 周以后的小猪”，但是实际上生完小猪的猪，在分娩后 4~5 个月后，反复发情 2~3 次就成为比较成熟的猪，而且体重达到 60~70 千克，选择饲养这样的猪会比较安心。年龄比这类猪小的小猪，由于没有发情，或者发情征兆不明显，很难分辨小猪在繁殖方面是否具有优秀的资质。而且，如果选择饲养时间过长的猪，就要担心交配（配种）前不能够适应环境并调理好身体状况。

购买小猪时，充分观察猪妈妈，从身体健康，乳房形状整齐，且生有 10 头以上小猪兄弟当中选择合适的对象。小猪不能过胖，应该选择身长且苗条的体型，毛紧贴皮肤且有光泽的小猪。此外，观察乳房的乳头是否按顺序整齐排列，并有 12 个以上，仔细确认是否有盲乳（没有分泌乳汁的孔的乳头）或者副乳头（仅有 W 型痕迹的乳头）的情况。小猪屁股干净，尾巴有力打圈是健康的标志。

询问一直以来喂食的饲料种类，并尽可能获取 1 周左右的饲料，在其中少量添加新的饲料，让小猪逐渐习惯。如果突然改变饲料的话，会引起腹泻。

此外，确认是否已经完成驱虫和注射疫苗。带回家的当天，可以只喂水，不喂饲料。对于小猪来说，搬新家是容易受到打击的事情。

购买小猪 2 周左右，仔细观察健康状态，留意小猪是否生病，或者是否习惯喂食的饲料和饲养环境。

关于猪舍

饲养 1~2 头猪时，可以用木板围成 1.8 米 ×1.8 米的小屋。但是前面设置吃食的地方，后面设置饮水和排泄地方的丹麦式猪舍，是饲养肉用猪或者繁殖用母猪的最佳选择。丹麦式猪舍适合小规模或中规模的养猪。大规模养猪的情况，最好前面选用混凝土，后面安帘子，正面的宽度狭窄，进深狭长构造的美国式猪舍。美国式猪舍前面设置自动分配饲料的给料机，后面的帘子下设置有自动除粪机。猪舍的消毒可以选用阳性皂、甲酚皂或者奥索制剂等。消毒时，首先清除粪便，然后用水清洗墙壁、地板和柱子等。等待猪舍干燥后，喷洒消毒剂。使用温水，效果更佳。

关于适当的温度环境

猪的管理最重要的就是喂食和温度管理。参考书中的表格，尽可能在最佳环境温度下饲养。特别是小猪耐寒性差，天气寒冷时头会靠着猪妈妈的身体休息。在保温箱中，如果环境温度高，小猪会分散在箱子的角落，相反温度低时，小猪会拥挤在灯泡等热源的旁边。注意观察小猪的行为，适当调整温度。断奶后不久，室温升高至 27℃左右，让小猪逐渐开始适应环境。因为离开猪妈妈后，环境会变得寒冷。相反，成年猪耐热性差，如果温度达到 28℃以上，会出现呼吸加速，繁殖能力下降的情况。因为猪几乎没有汗腺，不能挥发汗液降低体温，所以在呼吸的同时，从口部呼出热气来降低体温。搭建一处遮阳棚，在顶棚中加入隔热材料，适当送风，为猪构建一个凉爽的环境。

制作堆肥框

制作方法非常简单。如图所示，使用胶合板和方木料制作吧。制作两个，可以轮流使用，非常方便。

使用粪便制作肥料的堆厩肥框制作方法

材料　胶合板（90 厘米 ×180 厘米）1 张
　　　方木料（厚度 3~4 厘米，长度 110 厘米左右）8 根

最佳温度和湿度

天数或体重	出生当天	第 2 天	第 3 天	第 4 天	第 5 天	第 6 天	第 7 天	第 8 天	~30 千克	~45 千克	~ 出栏	带仔母猪
温度（℃）	35	33	31	29	27	25	23	21	21	16	13	16
湿度（%）	50%~80%											

妊娠中的猪					哺乳中的猪				
第 1 胎	第 2 胎	第 3 胎	第 4 胎	第 5 胎	第 1 胎	第 2 胎	第 3 胎	第 4 胎	第 5 胎
120	140	155	170	185	150	165	180	195	205
1.84	1.87	1.99	2.09	2.08	4.60	5.31	5.41	5.51	5.58

钉子（8~10 厘米）8 根
钉子（3~4 厘米）40~50 根

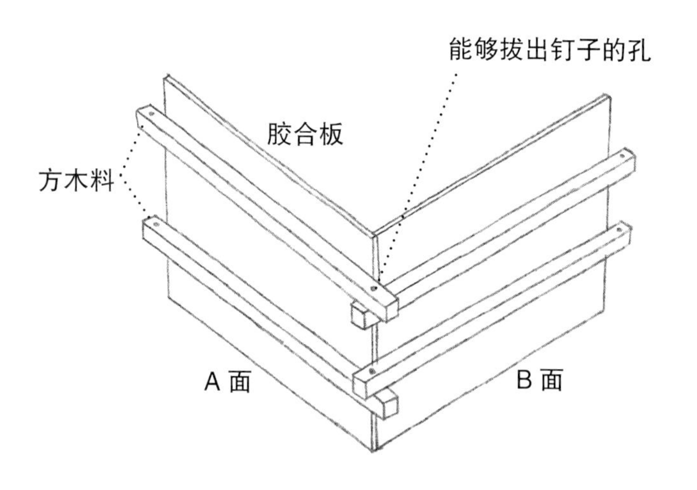

制作方法

将胶合板切割成 4 块（90 厘米 ×45 厘米）

如图所示，在胶合板上钉上方木料。A 面的方木料宽于胶合板的宽度，B 面的方木料紧紧靠在 A 面方木料的内侧。在交叉处开一个稍微大一点的孔，大小确保能够拔出 8~10 厘米的长钉子。

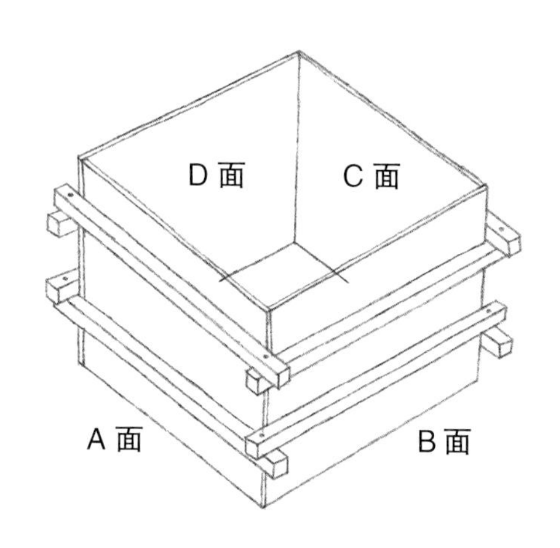

按照相同方法制作 C 面和 D 面，然后和 A、B 面一起组合成四边形。

使用方法

在框中，同时放入猪的粪便和垫圈材料，不断堆积。达到上限时，将框逐渐向上提高。高度达到 1~1.5 米时，拆掉框并移动到旁边，然后再放入粪便。堆积起来的粪便进行颠倒上下面的“更换”作业。根据季节，会提高发酵温度，经过 1~3 个月便形成叫做堆厩肥的很好的肥料。

发现发情

为了生产小猪，首先发现发情的情况很重要。母猪从出生后 4~5 月开始出现发情征兆，外阴部会变得红肿，出现黏液。将该日期记录在日记或黑板上，检查是否每 21 天出现发情的征兆。猪的发情期比较长，通常持续 5~7 天。实际上，开始发情后第 3 天左右，外阴部红肿最严重。如果在次日进行配种的话，成功率最高。进行交配时，注意观察猪的状况，不要错过配种的最佳时间。发情有可能出现在晚上，所以可能稍早些进行配种比较好。人工授精选择在外阴部红肿最严重和约 8~12 小时后进行 2 次效果比较好。

关于公猪的性成熟

公猪的发育是从 4 个月左右开始形成精子，7 个月左右达到性成熟，可以进行交配。精子的形状像蝌蚪一样，如果用显微镜观察的话，可以看到精子非常活跃地运动。与其他的动物相比，猪一次的射精量非常多，大约有 200~300 毫升。在精液里面可能混有像棉絮一样的胶状物质，所以在检查或者人工授精时，最好事先使用干净的纱布进行过滤。

母乳的抗体和小猪的管理

在分娩不久的母乳中，除 γ－球蛋白外，还含有许多与免疫相关的抗体，小猪可以从猪妈妈的乳汁获得这些抗体，健康茁壮地成长。但是，在出生后 15~20 天后，抗体几乎会全部消失，红细胞的数量也逐渐减少。这时的小猪不仅吃饲料，还会吃任何能入口的东西，容易因过量摄食或者由于细菌感染引起腹泻，因此一定要十分注意。

为了不让小猪生病，需要注意清扫猪舍、饲料的喂食量、环境温度等。

如果发生腹泻情况，使用 2~3 大勺的木炭粉与少量饲料，以 1:1 的比例进行混合，搓压成团状物后喂食。

关于带骨肉和分割肉

在日本，养猪户通过农业协会或者家畜商人，将猪运到肉联厂。在那里，猪被解体成带骨肉或分割肉运往肉店或者超市等，所以我们只能够买到肥肉或者瘦肉。

而且，将猪肉切成薄片装入盒子内摆放在商店里，大家就可以像点心和蔬菜一样购买了，所以从这里很难感受到生命的珍贵。

但是，大家读了这本绘本之后，应该对猪心怀感激，不要浪费猪肉，也不要丢掉肥肉，要珍惜每一块肉。

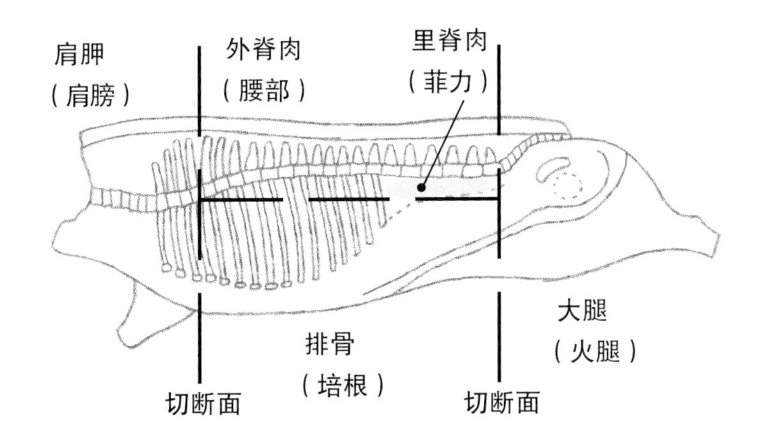

上图表示猪肉的名称和带骨肉的分割方法。尽可能从肉联厂或者肉店购买带骨肉，然后切成分割肉。去除掉骨头之后，可以做成火腿或者培根。只要有一把拆骨刀就可以了。分割肉靠近脂肪层 5~8 毫米切成肉片，然后用盐腌制。

火腿的制作方法

火腿使用大腿肉制作而成，所以叫做“火腿”。首先，将大腿肉、里脊等肉块切成 1 千克的大小，然后进行腌制。腌制分为腌菜盐水方法和干盐法。这里介绍使用腌菜盐水的方法。

腌制 2 千克的肉使用 1 升的腌菜盐水。腌菜盐水由 1 升水、120 克食盐（水的 12%）、50 克砂糖（水的 5%）调制而成。浸泡肉的溶液，夏季稍微浓一些，冬季可以淡一点。按照顺序将这些原料溶于水中，制作溶液。然后将肉浸泡在溶液中，放入冰箱（7±2℃）内保存 7~14 天。其间，将肉的位置上下颠倒一次。

去盐分 使用水龙头的水进行冲洗 40~60 分钟（根据浸泡时间决定），放入碗中后加入水，用来稀释肉表面的盐分。

干燥 擦去水分，在冰箱内放置数小时到一晚进行干燥，使肉变得更加容易吸收烟雾。

卷封 使用漂白布等布包裹肉，进行塑形，然后两端和中间使用不同粗细的风筝线等系牢。在这个状态下，吊挂在烟熏室中。

烟熏（烟雾） 将 200~250 克的木屑，每隔 20~30 分钟加入一把，让其慢慢产生烟雾。烟熏时间可以根据自己的喜好确定。但是，温度从常温（气温）逐渐上升到 50 多度。如果温度过高，肥肉就会溶解掉。这种方法叫做温熏法。

煮沸 63℃和 30 分钟是结核杆菌的致死温度和杀菌时间。在肉的中心插入烹饪用的温度计，达到该温度后煮 30 分钟。结束之后，捞出肉用水进行冷却，然后解开布，擦去水分，保存在冰箱内。

（注意）由于不使用防腐剂，尽量在 2~3 周内吃完。如果长期保存，请冷冻（肉经过充分干燥和熏制，所以也可以冷冻保存）。尽可能切成薄片比较好吃哦！

培根的制作方法

培根本来使用排骨肉制作而成，所以叫做“培根”。

1 千克肉的腌料用量（干盐法）

混合调味料	10 克（1%）
食盐	20 克（2%）
砂糖	4 克（0.4%）

混合调味料的实例

白胡椒 60%，肉豆蔻 15%，多香果 15%、小豆蔻 10%（姜汁和洋葱汁混合效果更好）。根据自己的喜好，制作调味料吧！

腌料的涂抹 在肉的褶皱内也要涂抹上腌料。肉块比较大的情况时，需要使用平盘等，并在底部铺上腌料。肉与肉之间重叠时，内侧面与内侧面摆好重叠。数日后，再次涂抹腌料然后重新装好。

烟熏 将肉直接挂在钩子上或者用熏肉针穿过，进行熏制。烟熏温度尽可能保持在 55℃以下。

杀菌 培根不进行杀菌煮沸，食用时烤制或者煮沸。

后记

一说起“美味菜肴”，我们脑中就会浮现出“肉”，就算不是豪华牛排，也会是炸猪排、猪肉土豆、咕咾肉等等。家庭菜肴中使用最多的肉可能就是猪肉，而不是制作牛排的牛肉。很久以前，日本的养猪农户有 100 万户以上（1961 年），到现在减少到 1 万户（2002 年）（猪的头数约为 1 000 万头，没有变化）。曾经，在我们的周围到处都可以发现猪的身影，但是现在在我们的周围只能看到罐装的猪肉，看到猪肉来源的“活蹦乱跳”的猪变得非常困难。

在学校，在各种组织，通过实际饲养猪和繁殖小猪，不仅可以感受生命的可贵，还可以体验制作火腿或者培根的乐趣，这是多么精彩的事情。

第二次世界大战后，我在大学的农学部就读畜产学科时就思考过“人类具有正确治理大自然的责任”“动物、植物和人类如何能够更好地共存”等问题，所以选择了在农业试验场工作。最初研究使用牧草饲养猪，也从那时正式开始和猪的“交往”。在农业试验场工作了大概 20 年，然后被大学聘请后又工作了近 30 年，因此关于猪的饲养方法的研究共计持续了 50 年。在研究的前期，作为“猪的营养师”，我致力于研究饲料的消化吸收和营养问题；在研究的后期，我研究关于“猪的管理和行为”，开始调查猪喜欢什么样的环境，在寒冷的北海道该选择什么样的饲养方法，在炎热的地区如果建造凉爽的猪舍，小猪和猪妈妈喜欢的环境温度到底是多少度等问题。此外，通过各种行为推测分析猪为什么会有那样的行为，猪在考虑什么，以及猪的心理学这样的问题。

现在，我的工作是致力于研究如何给为我们提供美味食物的猪在存活期间创造最好的生活环境。我们作为农耕民族，讨厌杀害生物的一切行为。但是，水稻、小麦和蔬菜也是生命。在自然界，就是互相为对方提供食物、遵循某种秩序而共存。通过这本猪的绘本，如果能够让你亲身感受到一点猪和我们的心意相通的话，我会感到很荣幸。

吉本正

图书在版编目（CIP）数据

画说猪 /（日）吉本正编文；（日）水上美奈莉绘画;
中央编译翻译服务有限公司译. -- 北京：中国农业出版
社, 2018.11
（我的小小农场）
ISBN 978-7-109-24422-1

Ⅰ. ①画… Ⅱ. ①吉… ②水… ③中… Ⅲ. ①猪－少
儿读物 Ⅳ. ①S828-49

中国版本图书馆CIP数据核字(2018)第164807号

【ブタについてもっと知りたいときは、つぎの本が参考になるよ】
「家畜飼育の基礎」(吉本正著　農文協)
「畜産」(農業者大学校用教科書　吉本正監修 (社) 全国農業改良普及協会)
「ブタの動物学」(田中智夫著　東京大学出版会)
「豚病学　第3版　生理・疾病・飼養」(吉本正他著　近代出版)
「養豚ハンドブック」(丹羽太左衛門編著　養賢堂)

■写真提供
P10 ~ 11
大ヨークシャー、ランドレース、中ヨークシャー、バークシャー、
ハンプシャー、デュロック、子ブタたち / (社) 日本種豚登録協会
ゲッチンゲン / 谷田創 (広島大学)

■参考文献
「稲作と高床の国　アジアの民家」(川島宙次著　相模書房)
「週刊朝日百科　動物たちの地球 No.123」(朝日新聞社)
「沖縄家庭料理入門」(農文協)
「手づくり道具で燻製自由自在」(鈴木雅己著　農文協)

吉本正

1930年生于日本北海道旭川市。1953年，毕业于北海道大学农学部畜产系。农业学博士。曾在宫城县农业试验场畜产部、北海道泷川畜产试验场工作，曾任千叶大学园艺学部助理教授和麻布大学兽医学部教授，现任日本绵羊研究会会长。期间，曾去英国雷丁大学附属乳畜业研究所留学。曾任日本畜产学会关东支会会长、日本养猪学会会长、日本家畜管理学会会长和第八届亚洲和大洋洲畜产学会议运营委员会长。1974年荣获日本养猪研究会奖，1996年荣获西川畜产奖学财团西川奖。主要著作有《猪病学第2版、第3版》（近代出版）、《畜产手册》（讲谈社）、《养猪用语辞典》（全国养猪协会）、《养猪手册》（养贤堂）和《教科书：畜产》（日本农山渔村文化协会）等。

水上美奈莉

1967年生于北海道札幌市。完成武藏野美术短期大学专业课程，毕业于SETSU MODE SEMINAR美术学校。主要获奖情况有HB File Competition. Vol.5特别奖，入选第115届The・Choice，第7届Liquitex Biennale鼓励奖等。此外，活跃于杂志插画等编辑设计工作。

我的小小农场 ● 13

画说猪

编　　文：【日】吉本正
绘　　画：【日】水上美奈莉
编辑制作：【日】栗山淳编辑室

责任编辑：刘彦博
翻　　译：中央编译翻译服务有限公司
专业审读：常建宇
设计制作：涿州一晨文化传播有限公司
出　　版：中国农业出版社
（北京市朝阳区麦子店街18号楼　邮政编码：100125　美少分社电话：010-59194987）
发　　行：中国农业出版社
印　　刷：北京华联印刷有限公司
开　　本：889mm × 1194mm　1/16
印　　张：2.75
字　　数：100千字
版　　次：2018年11月第1版　2018年11月北京第1次印刷
定　　价：39.80元

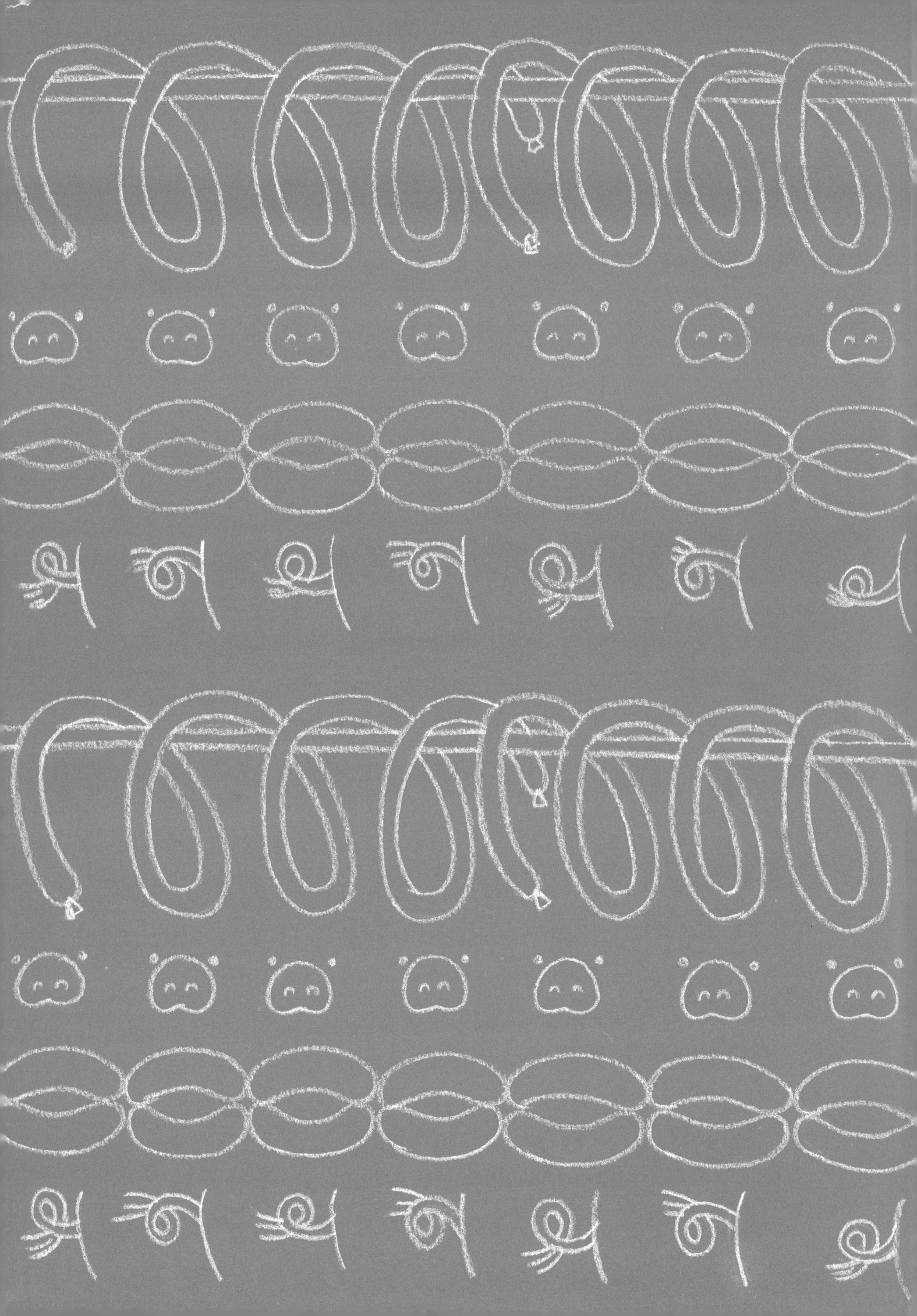